Bibliografische Information der Deutschen Nationalbibliothek:

Die Deutsche Bibliothek verzeichnet diese Publikation in der Deutschen Nationalbibliografie; detaillierte bibliografische Daten sind im Internet über http://dnb.d-nb.de/ abrufbar.

Impressum:

Druck und Bindung: Books on Demand GmbH, Norderstedt Germany
ISBN: 9783668419865

Dieses Buch bei GRIN:

http://www.grin.com/de/e-book/356190/tourismus-in-dubai-chancen-und-risiken-in-einer-auf-oeleinnahmen-aufgebauten

Thomas Höfting

Tourismus in Dubai. Chancen und Risiken in einer auf Öleinnahmen aufgebauten Wirtschaft

GRIN Verlag

Tourismus in Dubai

Chancen und Risiken in einer auf Öleinnahmen aufgebauten Wirtschaft

Thomas Höfting

Schuljahr: 2015/2016
Unterrichtsfach: Erdkunde

Erarbeitungszeitraum: 01.01.2016 - 08.03.2016
Abgabedatum: 10.03.2016
Unterrichtsfach: Erdkunde

Inhaltsverzeichnis

I. Einleitung

In dieser Facharbeit geht es um die Frage, ob die Diversifizierung in den Tourismussektor eine Möglichkeit ist, in Dubai das wirtschaftliche Wachstum aufrecht zu erhalten, trotz der wegfallenden Einnahmequelle Öl. Das Problem dabei ist, dass Dubai komplett auf den Einnahmen durch das schwarze Gold aufgebaut ist. Schon heute besitzt Dubai fast kein Öl mehr. Doch ist der Tourismussektor wirklich die Lösung für das Emirat? Ich habe das Thema gewählt, da wir zu der Zeit in der Schule das Thema Wirtschaftsregionen im Wandel hatten. Dubai ist ein Beispiel für dieses Thema. Zum Tourismus bin ich gekommen, da es einer der größten Wachstumsmärkte in Dubai ist. Außerdem faszinieren mich seit Jahren die „größenwahnsinnigen" Projekte, die in fast unmöglichen Bauzeiten und mit einem endlos scheinenden Budget gebaut werden, und immer wieder neue Rekorde aufstellen. Im ersten Teil dieser Arbeit werden die geographischen, demographischen, wirtschaftlichen und geschichtlichen Grundlagen erläutert, die der Leser braucht um die weiteren Kapitel zu verstehen. Im zweiten Teil wird die Problematik an dem Modell Dubai als Rentierstaat erklärt. Der Lösungsansatz Tourismus wird im dritten Teil erarbeitet.

II. Hauptteil

1. Grundlagen

1.1. Lokalisierung Dubai

1.1.1. Geographie

Das Emirat Dubai liegt auf der nördlichen Halbkugel in Asien im Südosten der arabischen Halbinsel am Persischen Golf und gehört der Föderation der Vereinigten Arabischen Emirate (VAE) an. Es erstreckt sich zwischen 24°36' bis 25°21' nördlicher Breite und 54°53' bis 55°43' östlicher Länge[1]. Das Emirat ist 3885 km² groß, wobei über 90% der Fläche aus Wüste besteht. Im Durchschnitt liegt es 5m über dem Meeresspiegel. Dubai grenzt im Westen an Abu Dhabi, dem mit fast 90% der Landfläche größten Emirat, und im Osten an Sharjah[2]. In den Vereinigten Arabischen Emiraten herrscht ein subtropisches bis tropisches arides Wüstenklima. Der Regen fällt,

[1] Quelle: Nach Google Maps (Hrsg.) *google.de* (2016)
[2] Quelle: Vgl. Wikipedia (Hrsg.) *wikipedia.org* (2016)

wie man in Abb.1 erkennen kann, fast ausschließlich in den Wintermonaten. Im Februar erreicht er seine Spitze von 36 mm. In den Sommer- und Herbstmonaten Juni bis Oktober fällt gar kein Niederschlag. Mit nur 28 Regentagen im Jahr ist Dubai sehr trocken. Die Jahresdurchschnittstemperatur liegt bei 26.9°C. Im Winter kühlt die Temperatur leicht ab auf 19°C im Januar. Die höchste Monatsdurchschnittstemperatur liegt im August bei 35,5°C. Diese warmen Temperaturen locken viele Touristen an.

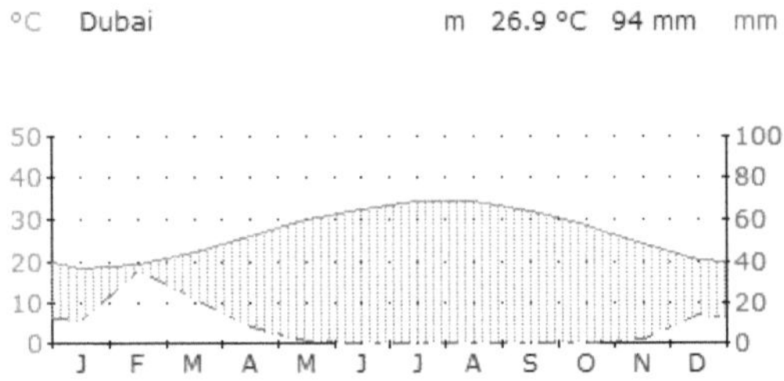

Abb. 1: Klimadiagramm von Dubai (2003)[3]

1.1.2. Demographie

In Dubai zeichnet sich keinesfalls eine normale demographische Situation ab. Durch den „Ölboom“ resultierte ein rasantes Bevölkerungswachstum. Von 2000 bis 2007 stieg die Bevölkerungszahl jährlich um 7,3%, wobei das natürliche Wachstum nur bei 1,3% lag. Der Rest ist auf die hohe Einwanderungsquote zurückzuführen. Um die vielen Megabaustellen zu realisieren, benötigt Dubai viele billige Arbeiter aus Ländern wie Indien, Pakistan, Bangladesch, Thailand und den Philippinen[4]. Die Ausländerquote in dem Emirat beträgt 85%, was auf die hohe Arbeitsmigration zurückzuführen ist. Außerdem leben circa 10.000 Menschen immer noch nomadisch in Dubais Wüste. Die restliche Bevölkerung besteht zum Großteil aus Emirati und Gastarbeitern aus westlichen Ländern wie Deutschland und Großbritannien. Insgesamt lebten 2015 circa 2.416.000 Menschen in Dubai[5]. Die Amtssprache ist Arabisch, allerdings wird Englisch ebenfalls akzeptiert. Die Staatsreligion ist der Islam, der eine wichtige Rolle für Dubai spielt, da sich unter anderem das Gesetz nach der Scharia richtet. Der Islam ist außerdem tief mit der Kultur Dubais verflochten. Auch wenn die VAE zu den

---

[3] Quelle: Nach MÜHR , BERNHARD *klimadiagramme.de* (2003)

[4] Insgesamt 63% aus nicht arabischen asiatischen Ländern

[5] Quelle: Vgl. Dubai Statistics Center (Hrsg.) *DSC.gov.ae* „Home“ (2016)

gesellschaftlich offensten arabischen Ländern gehört wird erwartet, dass der Koran mit Respekt behandelt wird. In der traditionellen Fastenzeit Ramadan schließen tagsüber viele Restaurants und es wird nicht gerne gesehen, wenn Andersgläubige in der Öffentlichkeit rauchen oder essen.[6] Trotzdem gibt es in Dubai eine christliche Gemeinde mit 70.000 Mitgliedern und als einziges Emirat hat es einen Hindu-Tempel und eine Sikh-Gurudwara[7][8]. Problematisch dagegen ist die hohe Männerquote. Da die Gastarbeiter größtenteils männlich sind, beträgt die Männerquote 70%. Dubai wird geführt von einem sogenannten Emir. Das Amt trägt zurzeit Scheich Muhammad bin Raschid Al Maktum der zugleich Premierminister der VAE ist. Der Emir wird durch eine Erbfolge bestimmt.

1.2. Entwicklung von der Kolonie zur modernen Föderation

Bevor erstmals im Jahr 1958 Öl von den Briten in der Nähe Dubais in Abu Dhabi gefunden wurde, waren die heutigen VAE eine der ärmsten Regionen der Welt. Seit dem zweiten Jahrhundert nach Christus zogen verschiedene Nomaden durch das heutige Hoheitsgebiet der VAE,[9] wurden jedoch nicht sesshaft. Erst ab dem 16. Jahrhundert zeigten Portugal und das Osmanische Reich Interessen an den südlichen Golfregionen, da sie durch ihre Lage an der Hormuz-Straße eine relativ wichtige Bedeutung für den Seehandel mit Süd- und Ostasien hatten. Im späten 16. Jahrhundert unterlag Portugal schließlich der britischen und niederländischen Seemacht, die dort die Niederlassungen ihrer „East-India-Companies" positionierten. Durch wirtschaftliche und politische Unruhen im 17. Und 18. Jahrhundert wurde die Golfregion auch als „Piratenküste" bekannt. 1853 schlossen die verschiedenen Sheikhs, die dort die Macht hatten einen Vertrag mit den Briten, in dem festgelegt war, dass diese für die Außenpolitik und Verteidigung der sog. „Trucial States" (Vertragsstaaten) verantwortlich waren. Seit Mitte des 18. Jahrhunderts existierte bereits ein kleines Fischerdörfchen am heutigen Dubai-Creek. Der Hauptwirtschaftszweig der Region war das Fischen und Perlentauchen. 1962 begann schließlich die kommerzielle Förderung von Öl[10]. Am 2.12.1972 wurden die Vereinigten Arabischen Emirate schließlich unabhängig von Großbritannien, und durch das Ressourcenreichtum bekommen Dubai und die anderen

---

[6] Quelle: Vgl. Emirates (Hrsg.) *emirates.com* „Kultur und Tradition in Dubai" (2016)
[7] Gebetshaus der Shikhs, einer indischen Religion
[8] Quelle: Vgl. Wikipedia (Hrsg.) *wikipedia.org* „Dubai(Emirat)" (2016)
[9] Quelle: Vgl. MÜLLER , BETTINA: „Glitzermetropole Dubai" S.25 (2010)
[10] Quelle: Vgl. Munzinger (Hrsg.) *munzinger.de* „Vereinigte Arabische Emirate" (2016)

Emirate sowohl eine immer größere wirtschaftliche als auch politische Bedeutung in der Welt.

1.3. Wirtschaftliche Grundlagen

Die VAE waren und sind bis heute einer der wichtigsten Öllieferanten der Welt, mit 3,7% Anteil an der Gesamtförderung 2012[11]. Dubai ist nach Abu Dhabi mit knapp 30% Anteil am Bruttoinlandprodukt (BIP) des der VAE das wirtschaftlich zweitstärkste Emirat.[12] Insgesamt lag Dubais BIP im ersten Halbjahr des Jahres 2015 bei knapp 46 Mrd. Euro. Das Wirtschaftswachstum im Vergleich zum Vorjahr lag bei 4,8%. Nur 2,2% stammten allerdings aus den Einnahmen aus der Erdölförderung. Der Anteil des Industriesektors lag bei 11,4%. Der Rest wurde durch Dienstleistungen wie Energieversorgung, Hotels und Restaurants sowie dem Einzelhandel und Finanzdienstleistungen erwirtschaftet.[13] In Dubai gibt es bis jetzt keine Mehrwertsteurer oder andere Abgaben für z.B. Schulen und andere öffentliche Einrichtungen, die an den Staat geleistet werden müssen. Die Gesamtschulden Dubais lagen 2012 schätzungsweise nur bei 103 Mrd. Euro[14] also ungefähr bei 160% des Bruttoinlandproduktes. Außerdem hat das Emirat noch Ölreserven in Höhe von 4 Mrd. Barrels.[15]

2. Problematik

2.1. Wachstum durch Erdöl

Nach den ersten Erdölfunden auf Dubais Herrschaftsgebiet 1966 traten große Veränderungen auf. Die Menschen lebten in einfachen Verhältnissen, die sich über Jahrhunderte nicht verändert hatten. Ein Infrastrukturnetzwerk mit einem modernen Straßensystem wurde errichtet, um den schweren Maschinen der Ölfirmen einen Zugang zu ermöglichen. Der Hafen in dem Dubai-Creek wurde ausgebaut, um die steigenden Exporte noch verschiffen zu können. Ein wichtiges Problem stellte die Wasserversorgung dar, da die Trinkwasserversorgung zuvor hauptsächlich durch Hausbrunnen bestand. Getragen von den Einkünften des Ölexports entstanden

[11] Quelle: Vgl. BP (Hrsg.) „Statistical Review of World Energy June 2013" (2013)
[12] Quelle: Vgl. BRENNER , MAXIMILIAN *maximilian-brenner.de* „Abu Dhabi und Dubai: Wirtschaftliche Entwicklung wie aus 1001 Nacht?" (2011)
[13] Quelle: Vgl. Dubai Statistics Center (Hrsg.) *DSC.gov.ae* (2015)
[14] Quelle: Vgl. Bloomberg (Hrsg.) *handelsblatt.com* „Dubai- Projekt" (2012)
[15] Quelle: Vgl. COHAN, PETER: *dailyfinance.com* „Can Dubai's energy reserves pay off its $80 billion in debt?" (2009)

außerdem ein Sozial- und Schulsystem.[16] 1971 wurde der Flughafen *Dubai International* eröffnet, als erster Flughafen im Nahen Osten, an dem Jumbo Jets landen konnten. Mit den Einnahmen konnten außerdem zwei neue Tiefwasserhäfen und ein leistungsfähiges Straßennetz errichtet werden. Die gute Infrastruktur legte den Grundstein für die Entwicklung des Tourismus in Dubai.[17] Auch die Bevölkerungszahl stieg nach dem Erdölfund. Von 1975 bis 2000 ist die Zahl um 480% gestiegen auf 1,5 Mio. Einwohner. In Abb.2 kann man erkennen, wie sich das Stadtbild Dubais in nur 13 Jahren entwickelt hat.

Abb.2: Stadtentwicklung in Dubai (2006) [18]

2.2. Abhängigkeit von Erdöl

Die Problematik, dass es gefährlich ist einen ganzen Staat auf Erdöleinnahmen aufzubauen, erkannte man bereits in den 70er Jahren zum Anfang des Booms. Dubai wird häufig auch als Rentierstaat bezeichnet. In dem folgenden Zitat wird der Begriff Rentierstaat erläutert.

> „Der Untersuchungsgegenstand des Rentierstaates ist ein Staat, der externe oder internationale Renten bezieht und deshalb besondere Ausprägungen besitzt. Rentierstaaten haben bis jetzt keine eindeutige einheitliche Definition, [...], ein Merkmal ist jedoch die Tendenz zu nicht-demokratischen autoritären Systemen und wirtschaftlicher Ineffizienz."[19]

Die VAE sind ein typisches Beispiel für einen Rohstoffrentierstaat. Das Land, das bis in die 1990er nahezu seine gesamten Einnahmen aus dem Geschäft mit dem schwarzen

---

[16] Quelle: Vgl. ROHDE , PHILIPP: „Nach dem Öl- Chancen und Grenzen der staatlichen Investitionspolitik in Dubai" S.26 (2011)
[17] Quelle: Vgl. SCHMID, HEIKO „Geographische Rundschau 61" S.36 (2009)
[18] Quelle: MESHAL_Q8 *alpar.com* (2006)
[19] Quelle: FRECH , JANNIS: „Das Emirat Dubai nach dem Öl. Ein Rentierstaat im Wandel?" (2008)

Gold gezogen hat, ist mit einem Anteil von ca. 40% des Gas- und Ölsektors immer noch abhängig von den fossilen Brennstoffen. Dubai erreichte bereits 1991 den Höhepunkt seiner Erdölförderung. Bis 2020 werden die Vorkommen komplett versiegt sein. Die goldenen Jahre des Öl-Booms sind gezählt. Um weiterhin wirtschaftlich wachsen zu können, müssen die VAE und Dubai sich umstrukturieren.

3. Lösungsansatz Diversifizierung[20]

Ein Lösungsansatz zur Umstrukturierung der Wirtschaft Dubais ist der Versuch die Wirtschaft zu diversifizieren. So macht man sich in Dubai unabhängig von dem Öl- und Gassektor und ist auch in Krisenzeiten abgesichert. Es gibt viele verschiedene Bereiche der Diversifizierung in Dubai. Das Emirat setzte in den 80er Jahren besonders auf den sekundären Sektor. Seit der Jahrtausendwende allerdings investiert Dubai fast ausschließlich in den tertiären Sektor und es wird klar, wo es in Zukunft hingehen soll.

3.1. Tourismus als Diversifizierungsstrategie

Ein wichtiges Ziel ist es in Dubai den Tourismussektor auszubauen. Die Wachstumsrate des Hotel- und Restaurantsektors lag 2015 mit 6,6% fast doppelt so hoch wie in den meisten anderen Bereichen.[21] Dubai versucht sich ein Image als weltoffene Touristendestination aufzubauen.

3.1.1. Investitionspolitik

Der Tourismus hat sich in Dubai, wie auch in den meisten anderen Golfstaaten erst spät entwickelt. Bis zum Ende der 1960er gab es einige Hotels von niedrigem Standard, bis sich bedingt durch das Konkurrenzdenken der einzelnen Emire der Emirate in den 1970er Jahren der Standard und die Anzahl der Hotels sehr schnell erhöhte.[22] Meist wurden Partnerschaften mit internationalen Hotelketten geschlossen, welche selbst in den Emiraten präsent sein wollten. In den 1980er Jahren verzeichnete Dubai mit 3000 Zimmern und knapp 4600 Gästebetten ein Überangebot. Um den Wunsch Dubais Ende der 1980er Jahre nachzukommen, sich als Touristenziel zu etablieren um eine weitere Einnahmequelle zu erschließen, wurde der *Dubai International* und die *Fluggesellschaft*

---

[20] „Diversifizierung: Ausweitung der Produktions- und Exportstruktur. Es erfolgt beispielsweise eine Verbreiterung der Produktion auf verschiedene Produkte, um Problemen der Monostruktur entgegen zu wirken“ Quelle: LATZ , WOLFGANG (Hrsg.) Dierecke Praxis S.329 „Glossar“ (2015)
[21] Quelle: Vgl. Dubai Statistical Center (Hrsg.) „Gross Domestic Product at Constant Prices First Half - Emirate of Dubai“ (2015)
[22] Quelle: Vgl. ROHDE , PHILIPP: „Nach dem Öl- Chancen und Grenzen der staatlichen Investitionspolitik in Dubai“ S. 101 (2011)

Emirates ausgebaut. Der Tourismus bildete bereits in den 1990ern den Kern der Diversifizierung. Daher wurden ausgefeilte, aggressive Marketingstrategien ergriffen, um Dubai als Touristendestination zu bewerben. Die Branche ist stark mit dem Immobiliensektor verwoben. 1996 wurde ein dreistufiger Entwicklungsplan entworfen, um das Emirat zu einem Touristenziel zu machen. In der ersten Phase bis 1996 ging es darum, die Grundlagen für den bis dahin eher kleinen Tourismussektor zu legen. Dazu wurde zuerst die DTCM (Department of Tourism an Commerce Marketing) gegründet als Organisation für die Planung, Überwachung und Entwicklung des Tourismussektors in Dubai.[23] Außerdem mussten Unterkünfte und Attraktionen für die Touristen in einem Land ohne Kulturerbe und historische Sehenswürdigkeiten gebaut werden. In der zweiten Phase von 2000- 2010 wurden erstmals offiziell Ziele für die Touristenankünfte formuliert. Das angestrebte Ziel, 15Mio. Touristen jährlich bis 2010 zu erreichen wurde bereits 2005 erfüllt. Außerdem wurde die Beherbergunskapazität weiter ausgebaut und weitere touristische Attraktionen geschaffen. Den Startschuss dazu gab die Eröffnung des als „7-Sterne" Hotel bekannt gewordenen *Burj al Arab* 1999. Weitere Bauprojekte wie die Palminseln, The World, das Dubai Metro Projekt oder die Errichtung des Dubai World Central International Airports folgten in den 2000ern. Das wahrscheinlich spektakulärste Projekt war der Burj Khalifa, das mit 828 Metern höchste Gebäude der Welt. In der dritten Phase bis 2020 hat man das Ziel, Dubai als global führende Stadt in den arabischen Ländern zu etablieren. 20 Mio. Besucher sollen jährlich in das Emirat kommen. Um das zu erreichen gibt es drei Ziele: bestehende Quellmärkte zu fördern, neue Quellmärkte wie Lateinamerika und China zu erschließen und als wichtigstes die Wiederkehrrate zu erhöhen.[24] Eine wichtige Rolle spielt die Expo 2020, für die extra ein 5,9 Mrd. Euro teurer neuer Stadtteil angelegt wird unter anderem mit der größten Skihalle der Welt. 25 Mio. Besucher werden zu der sechs Monate langen Messe erwartet. Finanziert werden die milliardenschweren Projekte größtenteils von staatlichen Investitionen, Krediten aus dem Nachbaremirat Abu Dhabi und ausländischen Direktinvestitionen. Die liberale Unternehmensstruktur lockt viele Kapitalgeber aus anderen Ländern an. Die Hotelkapazität wurde ausgebaut auf 454 Hotels mit 70.056 Hotelzimmern und 25.619 Apartments. Wie man in Abb. 3 erkennen kann, sind die Hotelgastzahlen seit 1993 kontinuierlich gestiegen. Während vor 20 Jahren nur ca. eine Millionen Gäste gezählt würden, betrug die Zahl 2014 11,6 Mio.

---

[23] Quelle: Vgl. MÜLLER , BETTINA: „Glitzermetropole Dubai" S.85 (2010)
[24] Quelle: Vgl. Business Today (Hrsg.) *businesstoday.lk* (2013)

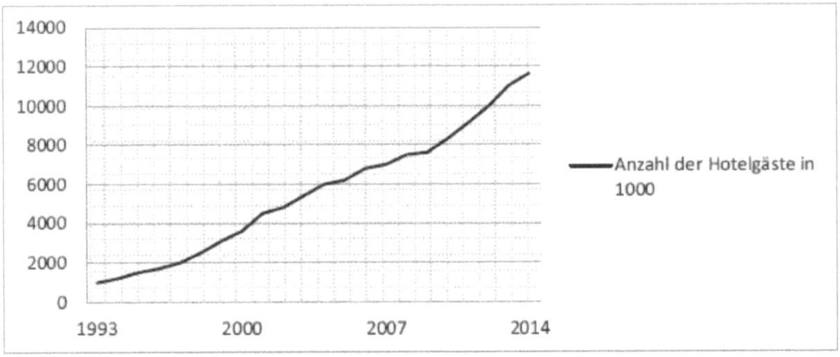

Abb. 3: Anzahl der Gäste in Hotelbetrieben in Dubai 1993 - 2014[25]

3.1.2. Tourismus heute

In der Aufteilung des BIP gibt es keinen einzeln ausgewiesenen Posten für Tourismus. Er setzt sich unter anderem aus Transport, Lagerung und Kommunikation, den Konsumausgaben vor Ort im Punkt Handel, und dem Wirtschaftszweig Hotels und Restaurants zusammen. Der Tourismus macht nach Angaben der Regierung 30% vom BIP aus.[26] Der Tourismus ist breit gefächert, von Kreuzfahrern, die einen eintägigen Ausflug in die Metropole machen, über Strandurlauber, bis zu Abenteurern, die sich in Wüstencamps im Inland einquartieren. Ein besonderer Fokus wird dabei auf Luxusreisende gelegt, da der Flug aus den meist westlichen Ländern schon eine teure Ausgabe ist. Sie kommen in den über 60 5-Sterne Hotels auf ihre Kosten. Dubai ist die viertgrößte Touristenmetropole der Welt nach Bangkok, Paris und London[27]. Die meisten kommen aus Europa (32%), gefolgt von Asien (23%) und den arabischen Ländern (22%). Dubai grenzt sich von anderen Reisezielen mit ungewöhnlichen Attraktionen ab, wie zum Beispiel einer Skihalle mitten in dem Wüstenstaat, oder den großen künstlichen Inseln *Palm Deira* und Palm *Jebel Ali* .Der Durchschnittsbesucher lässt 743 Euro in der Stadt und bleibt 3,84 Tage. Die Stadt versucht das Moderne wie die Wolkenkratzer mit dem Traditionellem verbinden, das den einst unbedeutenden Staat ausmacht. Dubai hat heutzutage eine der höchsten Zimmerbelegungsraten weltweit mit durchschnittlich 80% weshalb die Hotels hochprofitabel sind. Ein zweiter

[25] Quelle: Eigene Darstellung nach DTCM (Hrsg.) „Hotel Apartment Statistics Summary“ (1993 – 2007) und Dubai Statistics Center (Hrsg.) „Guests an Residence Nights at Hotel“ (2008- 2014)
[26] Quelle: Vgl. ROHDE , PHILIPP „Nach dem Öl- Chancen und Grenzen der staatlichen Investitionspolitik in Dubai“ S.135 (2011)
[27] Quelle: Vgl. Go Gulf Web Design Dubai (Hrsg.) *go-gulf.ae* „Dubai Tourism Statistics“ (2015)

wichtiger Touristenzweig außerhalb der Urlauber sind die Geschäftsreisenden, die zu den internationalen Tagungen und Messen fliegen.

3.1.3. Vergleich mit dem Ruhrgebiet Tourismus

Das Ruhrgebiet und Dubai haben eine ähnliche wirtschaftliche Vergangenheit. Sie wiesen beide eine Monostruktur auf. Beide Gebiete haben nach wirtschaftlichen Alternativen gesucht, und einen Weg im Tourismus gefunden. Doch inwiefern kann man die beiden Standorte vergleichen? Das Ruhrgebiet war früher geprägt von seiner Montanindustrie. 1970 arbeiteten fast 60% der Beschäftigten im sekundären Sektor.[28] Als dann die Transportkosten auf der ganzen Welt sanken, wurde immer mehr billigerer Stahl aus China importiert, und das Ruhrgebiet verlor an Bedeutung. Die Versuche, durch Subventionen den Ruhrgebiet Stahl wieder attraktiv zu machen waren teuer und scheiterten. Ein Unterschied ist, dass Dubai schon sehr früh erkannte, dass die Ölquellen irgendwann versiegen. Das Emirat investierte früh, mit den damals noch hohen Profiten von dem Öl. Ein hohes Kapital war von Anfang an vorhanden. Das Ruhrgebiet hingegen investierte erst spät in den Tourismus. Die großen Gelder aus dem Stahlgeschäft waren bereits verbraucht, und dementsprechend war das Investitionskapital viel geringer. Trotzdem entwickelte sich das Ruhrgebiet schnell, und von 1990 bis 2009 verdreifachten sich die Übernachtungszahlen. Im gleichen Zeitraum versiebenfachten sich die Übernachtungen in Dubai. Im Großen und Ganzen ist der Ruhrgebiet Tourismus viel kleiner angelegt als in dem Emirat. Der „Ruhrpott" zählte 2009 ca. 3 Mio. Übernachtungsgäste, während Dubai 7,6 Mio. Hotelgäste hatte. Vom Angebot her ist der größte Unterschied, dass das Ruhrgebiet viele historische Attraktionen besonders aus der Bergbauzeit hat. Dubai hingegen setzt fast ausschließlich auf moderne Sehenswürdigkeiten, da es keine besondere Geschichte hat. Allerdings schwächelt das Ruhrgebiet momentan beim Wachstum der Touristenzahl. Nur 1,9%[29] mehr Besucher kamen von 2014 bis 2015 in das Ruhrgebiet. In Dubai hingegen gab es von 2013 bis 2014 immer noch einen Wachstum von 5,5%. Daher kann man sagen dass die Bemühungen ein Touristenziel zu werden, in Dubai erfolgreicher sind.

---

[28] Quelle: Vgl. Regionalverband Ruhr (Hrsg.) „Beschäftigte nach Wirtschaftssektoren im Ruhrgebiet" (2013)

[29] Quelle: Vgl. .destinet (Hrsg.) *destinet.de* „Übernachtungsrekord in NRW: Wachstum unterdurchschnittlich" (2016)

3.1.4. Vor- und Nachteile des Tourismus

Die Diversifizierung in den Tourismussektor bringt viele Vor-, aber auch Nachteile für Wirtschaft, Umwelt und Menschen mit sich. Ein Nachteil ist die hohe Umweltbelastung. Die Glitzermetropole hat ihren Preis. Projekte wie die Skihalle und der *Burj Khalifa*, das höchste Gebäude der Welt sorgen dafür, dass die VAE den schlechtesten ökologischen Fußabdruck haben. Mit 10,68 ist er doppelt so groß wie der Deutschlands.[30] Doch es gibt Ambitionen, die Emissionen zu verringern. Viele Hotels werden mit Solar- und Photovoltaikanlagen ausgestattet. Außerdem sollen bis 2020 5% den Stroms aus Solarenergie gewonnen werden. Doch allein schon die Emissionen, die bei der Anreise per Flugzeug der jährlich über 10 Mio. Touristen anfallen, sind zu hoch. Ein weiterer Punkt sind die Arbeitsbedingungen der Gastarbeiter, die die Hotels und Prestigeprojekte Dubais in die Höhe ziehen. Umgerechnet nur 160 Euro erhalten die meist aus Südostasien stammenden Arbeiter im Monat laut Menschenrechtlern. Das, obwohl das monatliche Durchschnittseinkommen bei 1914 Euro liegt. Oft wird der Lohn zurückgehalten und die Pässe werden konfisziert um Arbeiterflucht vorzubeugen. Dazu muss man die harten Benimmregeln in Dubai beachten, die sich nach der Scharia richten. Viele Touristen wissen gar nicht, dass Fluchen, Küssen in der Öffentlichkeit und uneheliche Liebe strafbar sind. Jedes Jahr landen unaufgeklärte Touristen in den Gefängnissen.[31] Ein weiteres Risiko ist die Verschuldung, die nötig ist um Dubai aufzubauen. 2012 hatte Dubai 103 Mrd. Euro Schulden (Vgl. wirtschaftliche Grundlagen). Das Emirat macht sich abhängig von seinen Geldgebern. Auch wenn die großen Projekte tausende Touristen in die Stadt locken, sind sie Schuldenfallen. Dazu stehen viele der Wolkenkratzer leer und haben keine weitere Verwendung als spektakulär für die Besucher auszusehen. Außerdem macht sich Dubai durch die Verlagerung in den Tourismussektor abhängig von der Weltwirtschaft. Das Problem dabei ist, dass die Menschen in Krisenzeiten nicht mehr so viel Geld für ihren Urlaub ausgeben, sondern eher sparen. Dubai würde enorme Schwierigkeiten bekommen. Dieses Problem konnte man bereits in der Weltwirtschaftskrise 2009 erkennen. Die Touristenzahl viel leicht ab. Wenn sich Dubai weiter abhängig machen würde, könnten die Folgen von Krisen das Emirat wiederrum in die Schulden treiben. Als weiteren Nachteil kann man die geografische Lage sehen. Dubai liegt in einer der trockensten Regionen der Welt. 95% des Trinkwassers muss aus Entsalzungsanlagen gewonnen

---

[30] Quelle: Vgl. Arte (Hrsg.) *arte.tv* „Der ökologische Fußabdruck" (2011)

[31] Quelle: Vgl. HalloDubai (Hrsg.) *hallodubai.com* „Benimmregeln" (2009)

werden. Das Wasser wird sehr energieaufwendig nutzbar gemacht. Auf der anderen Seite zieht die Lage in einer trockenen und warmen Region viele Urlaubstouristen an, die mal keinen Regen erleben wollen. Zudem hat der Tourismus auch große wirtschaftliche Vorteile. Die Touristen, die nach Dubai kommen, lassen im Durchschnitt 743 Euro in dem Emirat. Touristen in der EU im Vergleich lassen nur 360 Euro an ihrer Destination.[32] Außerdem wird durch das Marketing für den Tourismus das Image Dubais aufgebessert. Um Touristen anzulocken gibt das Emirat viel Geld für Marketing aus. Wenn man früher vielleicht bei Dubai noch an große Ölproduktionsstätten, verschleierte Frauen und lebensfeindliche Sandwüste dachte, verbindet man die Metropole heute mit Wolkenkratzern, spektakulären Bauprojekten und farbenfrohem Orientflair. Außerdem lockt das gute Image Investoren an. Positiv zum Tourismus in Dubai ist noch zu sagen, dass das Geschäftsmodell extrem effizient ist, mit einer durchschnittlichen Belegungsrate in den Hotels von 80% (Vgl. Tourismus heute). Dadurch sind die Hotels hochprofitabel. Während bei anderen Reisezielen, in denen es Klimaschwankungen gibt, die Besucher ungleichmäßig verteilt in sog. Saisons kommen, lockt Dubai das ganze Jahr über mit seinem warmen Klima. Ein weiterer Punkt, der für den Tourismus spricht, ist die aus ihm resultierende Verbesserung der Infrastruktur. Extra für die Touristen wurde das Straßensystem ausgebaut, neue Verkehrsmittel wie die *Dubai Metro* geschaffen, die Häfen und Airports erweitert, und neue Versorgungswege geschaffen. Der wichtigste positive Aspekt ist allerdings, dass der Tourismus langfristig existiert, und nicht wie bei dem vorherigen Geschäftsmodell Öl die Ressourcen irgendwann knapp werden. Das sieht man zum Beispiel an Städtezielen wie Paris und London, die seit dem 19. Jahrhundert etablierte Touristenziele sind, und immer noch wachsende Besucherzahlen verbuchen. Auch in Zukunft werden die Menschen besonders in den Schwellenländern immer mehr Geld für ihren Urlaub ausgeben, so dass der Tourismus ein zukunftsfähiges Modell ist. Eine Studie des *World Travel & Tourism Council* kommt zu dem Schluss, dass der Tourismus eine der stärksten Wachstumsbranchen weltweit ist.[33]

3.2. Weitere Diversifizierungsstrategien für Dubai

Neben dem Tourismus sieht Dubai seine Chancen in vielen weiteren Wirtschaftszweigen. Das Emirat hat Ambitionen zur Handelsdrehscheibe im Nahen

[32] Quelle: Vgl. eurostat (Hrsg.) *europa.eu* „Average expenditure per trip by age group and destination" (2013)

[33] Quelle: Vgl. LENOBLE , CHRISTIAN *diepresse.com* „Tourismus: Wohin der Zeitgeist reist" (2008)

Osten zu werden. Dazu werden die Häfen ausgebaut, und Freihandelszonen errichtet. Große Unternehmen wie Microsoft, IBM, Siemens, Dell und viele mehr werden mit niedrigen Steuern und Zöllen gelockt. Außerdem holt Dubai große Medienkonzerne in sein Zentrum. NBC und CNN haben dort ihren Sitz im Nahen Osten. Um sich unabhängig von ausländischen Zulieferern zu machen investiert das Emirat zudem in Landwirtschaft und Fischerei, wobei man noch weit davon entfernt ist den stark wachsenden Bedarf im eigenen Land zu decken.

III. Schlussreflexion

Nach dem Abwägen der Vor- und Nachteile des Tourismus komme ich zu dem Schluss, dass der Tourismus eine gute Diversifizierungsstrategie ist, um sich unabhängiger zu machen von Öl und Erdgas. Das Emirat muss nur beachten, dass es auch weitere wichtige Wirtschaftszweige hat, um sich nicht abhängig zu machen von Tourismustrends. Die geografische Lage am Meer und in einer warmen Region hat gute Voraussetzungen für den Urlaubstourismus. Dubai hat in den letzten Jahren schon bewiesen, wie aus einem Land mit einer schwachen Infrastruktur ein modernes Touristenziel werden kann. Außerdem zeigt Dubai, dass risikoreiche Investments sich auszahlen können. Die Trends zeigen, dass Dubai als Touristendestination weiter wachsen wird. Vor allem dank seiner zentralen Lage kann das Emirat auch in Zukunft Wachstumsquellmärkte wie China gewinnen. Für alle Touristen in Dubai lohnt sich ein Aufenthalt allemal, da Dubai ein riesiges Kapital in seine Bauprojekte hat fließen lassen. Ich finde Dubai sollte weiter auf dem jetzigen Weg bleiben, sich selbst zu einem globalen Touristenziel auszubauen. Das Geschäft mit den Besuchern ist eine zukunftsfähige und nachhaltige Wirtschaftsstrategie.

IV. Literaturverzeichnis

.destinet. (19. Februar 2016). *Übernachtungsrekord in NRW: Wachstum unterdurchschnittlich.* Abgerufen am 8. März 2016 von http://www.destinet.de/meldungen/menschen-management/statistik-benchmarks/3865-%C3%BCbernachtungsrekord-in-nrw-wachstum-unterdurchschnittlich

Arte. (2011). *Der ökologische Fußabrduck.* Abgerufen am 7. März 2016 von http://ddc.arte.tv/unsere-karten/der-oekologische-fussabdruck

Bloomberg. (25. Oktober 2012). *Dubai-Projekt.* Abgerufen am 21. Februar 2016 von http://www.handelsblatt.com/unternehmen/mittelstand/diversifizierung-ist-zukunft-emirate-suchen-chance-jenseits-vom-erdoel/2764874.html

BP. (Juni 2013). *Statistical Review of World Energy June 2013.* Abgerufen am 21. Februar 2016 von http://www.bp.com/content/dam/bp-country/fr_fr/Documents/Rapportsetpublications/statistical_review_of_world_energy_2013.pdf

Brenner, M. (März 2011). *Abu Dhabi und Dubai:Wirtschaftliche Entwicklung wie aus 1001 Nacht?* Abgerufen am 21. Februar 2016 von http://www.maximilian-benner.de/110326_paper_entwicklungsstrategie_emirate.pdf

Business Today. (2013). *Dubai New Tourism Vision for 2020.* Abgerufen am 5. März 2016 von http://www.businesstoday.lk/cover_page.php?issue=263

Cohan, P. (28. November 2009). *Can Dubai's energy reserves pay of its $80 billion in dept?* Abgerufen am 21. Februar 2016 von http://www.handelsblatt.com/unternehmen/mittelstand/diversifizierung-ist-zukunft-emirate-suchen-chance-jenseits-vom-erdoel/2764874.html

DTMC. (2007). *Hotel Apartment Statistics Summary.* Dubai.

Dubai Statistics Center. (2008-2014). *Guests and Residence Nights at Hotel.* Abgerufen am 5. März 2016 von https://www.dsc.gov.ae/en-us/Themes/Pages/Tourism.aspx?Theme=30&year=2014#DSC_Tab1

Dubai Statistics Center. (2015). *Gross Domestic Product at Constant Prices First Half 2015.* Abgerufen am 21. Februar 2016 von https://www.dsc.gov.ae/Report/Gross%20Domestic%20Product%20at%20%20Constant%20Prices%20First%20Half%202015.xls

Dubai Statistics Center. (12. Februar 2016). *Home.* Abgerufen am 13. Februar 2016 von https://www.dsc.gov.ae/en-us#

Emirates. (2016). *Kultur und Tradition in Dubai.* Abgerufen am 13. Februar 2016 von http://www.emirates.com/de/german/destinations_offers/discoverdubai/aboutdubai/traditionandculture.aspx eurostat. (2013). *Average expenditure per trip by age group and destination*. Abgerufen am 7. März 2016 von http://ec.europa.eu/eurostat/statistics-explained/index.php/File:Average_expenditure_per_trip_by_age_group_and_destination,_EU-28(%C2%B9),_2013_(Euro).png

GO Gulf Web Design Dubai. (18. November 2015). *Dubai Tourism Statistics and Trends*. Abgerufen am 6. März 2016 von http://www.go-gulf.ae/blog/dubai-tourism-statistics-trends/

Google. (2016). *Google Maps*. Abgerufen am 28. Januar 2016 von https://www.google.de/maps/place/Dubai+-+Vereinigte+Arabische+Emirate/@24.9640812,55.2727834,10z/data=!4m2!3m1!1s0x3e5f43496ad9c645:0x74ced0bf2b0029e9

HalloDubai. (2009). *Benimmregeln*. Abgerufen am 7. März 2016 von http://www.hallodubai.com/benimmregeln.html

Latz, W. (2015). Glossar. In *Diercke Praxis* (S. 329). Braunschweig: westermann.

Lenoble, C. (2008). *Tourismus: Wohin der Zeitgeist reist*. Abgerufen am 7. März 2016 von http://diepresse.com/home/bildung/weiterbildung/361712/Tourismus_Wohin-der-Zeitgeist-reist

meshal_q8. (2006). *Old Dubai Memories*. Abgerufen am 21. Februar 2016 von http://www.alpar.com/bahraindubai/olddubaimemories.html

Mühr, B. (3. Mai 2003). *Klimadiagramm Dubai*. Abgerufen am 12. Februar 2016 von http://www.klimadiagramme.de/Asien/dubai.html

Müller, B. (2010). Der Aufbau des Tourismussektors. In *Glitzermetropole Dubai: Diversifizierung und Imagegestaltung einer auf Erdöleinnahmen aufgebauten Wirtschaft* (S. 85). Marburg: Tectum.

Müller, B. (2010). Geschichtlicher Hintergrund. In B. Müller, *Glitzermetropole Dubai: Diversifizierung und Imagegestaltung einer auf Erdöleinnahmen aufgebauten Wirtschaft* (S. 25). Marburg: Tectum.

Munzinger Online. (4. Januar 2016). *Vereinigte Arabische Emirate*. Abgerufen am 21. Februar 2016 von https://www.munzinger.de/search/document?index=mol-03&id=03000ARE000&type=text/html&query.key=ujPVZdWR&template=/publikationen/laender/document.jsp&preview=

Regionalverband Ruhr. (2013). Beschäftigte nach Wirtschaftssektoren im Ruhrgebiet.

Rohde, P. (2011). Geschichte und wirtschaftliche Bedingungen der Entwicklung in Dubai. In *Nach dem Öl: Chancen und Grenzen der staatlichen Investitionspolitik in Dubai* (S. 26). Berlin/Tübingen: Hans Schiler.

Rohde, P. (2011). Tourismus. In *Nach dem Öl: Chancen und Grenzen der staatlichen Investitionspolitik in Dubai* (S. 101). Berlin/Tübingen: Hans Schiler.

Schmid, H. (2009). Dubai - Aufstrebende Tourismusmetropole am Arabisch- Persischen Golf. *Geographische Rundschau 61 Heft 2*, S. 34-41.

WallpapersCraft. (24. Oktober 2015). *Download Dubai Wallpaper*. Abgerufen am 28. Februar 2016 von https://wallpaperscraft.com/download/dubai_skyscrapers_towers_houses_burj_khalifa_sunset_water_58894/3840x2160

Wikipedia. (12. Januar 2016). *Dubai (Emirat)*. Abgerufen am 13. Februar 2016 von https://de.wikipedia.org/wiki/Dubai_%28Emirat%29